BEI GRIN MACHT SICH IHR WISSEN BEZAHLT

- Wir veröffentlichen Ihre Hausarbeit, Bachelor- und Masterarbeit

- Ihr eigenes eBook und Buch - weltweit in allen wichtigen Shops

- Verdienen Sie an jedem Verkauf

Jetzt bei www.GRIN.com hochladen und kostenlos publizieren

Matthias Mittenentzwei

Die nördliche Oberlausitz als Wirtschaftsregion. Eine Region mit Zukunft?

GRIN Verlag

Bibliografische Information der Deutschen Nationalbibliothek:

Die Deutsche Bibliothek verzeichnet diese Publikation in der Deutschen National-
bibliografie; detaillierte bibliografische Daten sind im Internet über http://dnb.d-
nb.de/ abrufbar.

Impressum:

Copyright © 2008 GRIN Verlag GmbH
Druck und Bindung: Books on Demand GmbH, Norderstedt Germany
ISBN: 978-3-656-66007-1

Dieses Buch bei GRIN:

http://www.grin.com/de/e-book/273685/die-noerdliche-oberlausitz-als-wirtschafts-
region-eine-region-mit-zukunft

GRIN - Your knowledge has value

Der GRIN Verlag publiziert seit 1998 wissenschaftliche Arbeiten von Studenten, Hochschullehrern und anderen Akademikern als eBook und gedrucktes Buch. Die Verlagswebsite www.grin.com ist die ideale Plattform zur Veröffentlichung von Hausarbeiten, Abschlussarbeiten, wissenschaftlichen Aufsätzen, Dissertationen und Fachbüchern.

Besuchen Sie uns im Internet:

http://www.grin.com/

http://www.facebook.com/grincom

http://www.twitter.com/grin_com

Friedrich-Schiller-Universität Jena
Wintersemester 2008/09
Institut für Geographie

Hauptseminar: „Wirtschaftsgeographie Sachsen"

Seminararbeit

Eine Region mit Zukunft?

Die nördliche Oberlausitz als Wirtschaftsregion.

Vorgelegt von:

Matthias Köhler

Studiengang: Geschichte/Geographie (LA)

Semester:9/9

Gliederung:

„Die Zukunft heißt Lausitz." (Centrum für Innovation und Technologie GmbH 2009)

1. Einleitung

Mit diesem Wahlspruches präsentiert sich die sogenannte „Lausitz Initiative", der Bundesländer Sachsen und Brandenburg, um die Lausitz als zukunftsträchtige Region mit wachsender Attraktivität für Unternehmen wie auch für Touristen vorzustellen. Die Argumentation der Initiative beruht hauptsächlich auf der zentralen Lage in Europa und der guten Anbindung an die Zentren Berlin und Dresden. Im Mittelpunkt dieses Gebietes befindet sich die Teilregion der nördlichen Oberlausitz im Nordosten Sachsens an der Grenze zu Brandenburg und Polen.

Über 150 Jahre war die nördliche Oberlausitz eine wirtschaftlich starke und industrialisierte Region Deutschlands, was besonders auf die Braunkohle-, chemische und Glasindustrie zurückzuführen war. Seit dem Ende der DDR und der Wiedervereinigung änderte sich dies erheblich und die Bedeutung der Region innerhalb Deutschlands und Sachsens ging zurück. Eine Vielzahl von Unternehmen wurden geschlossen und ein großer Teil der einheimischen Bevölkerung verließ die nördliche Oberlausitz.

Nunmehr präsentiert sich diese Region als Zukunftsstandort für moderne Industrien wie auch als ein besonderes Tourismusgebiet. Dafür wurden innerhalb der letzten Jahre eine Reihe von Projekten begonnen um die Attraktivität der Region zu steigern. Aber inwieweit ist der Wahlspruch der Lausitz-Initiative für die Region der nördlichen Oberlausitz geltend? Wie hat sich dieses Gebiet in Wirtschaft und Bevölkerung entwickelt und wie wird es sich laut Prognosen im weiteren Verlauf des 21. Jahrhunderts entwickeln?

2. Die nördliche Oberlausitz im Überblick

2.1 Geographische Grundlagen

Die Landschaft der nördlichen Oberlausitz ist im Norden geprägt durch das glazial geformte Tiefland. Begrenzt wird es von den Ausläufern der Muskauer Heide im Norden und der im Süden anschließenden Oberlausitzer Heide- und Teichlandschaft, welche seit 1996 von der UNESCO als Biosphärenreservat anerkannt ist. (siehe Abbildung 1 und 2)

Abbildung 1.: Naturräume Sachsens (Kowalke 2000:69)

Im Süden schließt sich an das Tiefland das Oberlausitzer Hügelland an, welches im Verlauf nach Süden weiter an Höhe zunimmt und die Grenze zur südlichen Oberlausitz bildet. Die Trennung der beiden Gebiete der Oberlausitz bietet sich in dieser Region im Verlauf von West nach Ost im Raum Zentren Bautzen – Görlitz an.

Abbildung 2. Biospährenreservat Oberlausitzer Heide und Teichlandschaft (Quelle: Biosphärenreservatsverwaltung o. A.)

Die gesamte Region ist durch kontinentales Klima von Temperaturen im Jahresdurchschnitt zwischen 8 und 8,5°C und einer jährlichen Niederschlagsmenge von 600-700 mm geprägt. (KOWALKE:2000.74-78) In Verbindung mit den grundwassernahen Sandböden, im Norden Braunerden und Gley und im Süden Pseudogley aus Löss und Sandlöss, ist eine landwirtschaftliche Nutzung im Süden möglich.

Das südlich von Hoyerswerda gelegene Biosphärenreservats ist geprägt von einer Reihe artenreicher Biotope und Moore, die eine üppige Artenvielfalt von Flora und Fauna begünstigt. (Biosphärenreservatsverwaltung o. A.)

2.2 Die Region

Die Gemeindestruktur ist seit jeher kleinteilig. Daraus folgt, dass im Niederschlesischen Oberlausitzkreis von 132 Gemeinden 105 weniger als 5000 Einwohner aufweisen. Der Hauptteil davon, befindet sich im Norden und Nordosten der Oberlausitz, trotz dessen die dortigen Gemeinden flächenmäßig die der südlichen Oberlausitz um weiten übertreffen. (ARBEITSGEMEINSCHAFT KOMET / empirica 2007:7)

Abbildung 3: Übersicht der Gemeinden der Region Oberlausitz-Niederschlesien

Abb. 3 Übersicht über die Gemeinden der Oberlausitz (ARBEITSGEMEINSCHAFT KOMET / empirica 2007:10)

Zwischen den Gemeinden herrscht eine starke Differenz, in Bezug auf Bevölkerungs- und Wirtschaftsdichte in der gesamten Region. Besonders der Nordosten ist geprägt von einseitiger Wirtschaftsstruktur und geringer Siedlungsdichte. (ARBEITSGEMEINSCHAFT KOMET / empirica 2007:2)

Zur Stärkung der Oberlausitz wurde im Jahr 1993 erstellten Landesentwicklungsplan die Gründung eines oberzentralen Städteverbunds beschlossen. Dieser besteht aus den größeren Städten Hoyerswerda, Bautzen und Görlitz. Der Hintergrund für die Wahl eines Zusammenschlusses dreier Zentren, wird im LEP wie folgt begründet: „Keine der drei von der Bevölkerungszahl her größten und auf Grund ihrer historisch entstandenen Wirtschafts-, Infra- und Sozialstruktur für die Entwicklung der Region bedeutendsten Städte Bautzen, Görlitz und Hoyerswerda ist auf Grund ihres differenzierten Ausstattungsgrades mit oberzentralen Funktionen und ihrer Umlandfunktion für ihren Verflechtungsbereich gegenwärtig als Oberzentrum prädestiniert". (SÄCHSISCHES STAATSMINISTERIUM FÜR UMWELT UND LANDESENTWICKLUNG 1994:B18)

Primär wurde angestrebt mit Hilfe der Bündelung dreier Städte positive Impulse aus dem Sachsendreieck aufzunehmen und für die Region nutzbar zu machen. Besonders die Entwicklung einer gewerblichen Wirtschaft und die damit verbundene Schaffung neuer Arbeitsplätze sollte damit ermöglicht werden. Dies sollte der seit 1990 anhaltenden Abwanderung entgegenwirken. (SÄCHSISCHES STAATSMINISTERIUM FÜR UMWELT UND LANDESENTWICKLUNG 1994: B19) Direkt formuliert hieß es, dass „die östlichen Gebiete des Freistaates besser in die Lage versetzt" werden würden, „an der allgemeinen Entwicklung des Landes teilzunehmen und Standortnachteile auszugleichen". (SÄCHSISCHES STAATSMINISTERIUM FÜR UMWELT UND LANDESENTWICKLUNG 1994:B19)

Neben dem oberzentralen Städteverbund sollen ebenfalls die kleineren Mittelzentren (Weißwasser, Niesky u.a.) diese Funktion übernehmen. Das vorrangige Ziel die Senkung der Arbeitslosenquote ist seit 1990 zentrales Thema in der Region, was später noch genauer erläutert werden soll.

3. ökonomische Entwicklung der Region

3.1 Die Wirtschaft in der nördlichen Oberlausitz bis 1990

Während weite Teile Sachsens im Laufe der Jahrhunderte eine lange ökonomische Entwicklung erfasste und so zum Entstehen zahlreicher Zentren beitrug, traf dies für den nordöstlichsten Teil Sachsen nur geringen Maße zu. Es entstanden zwar schon im Mittelalter die Städte Bautzen, Görlitz und Hoyerswerda an wichtigen Handelsstraßen der damaligen Zeit, aber der Großteil der Region blieb gering besiedelt und mit geringer wirtschaftlicher Bedeutung für Sachsen. Der Großteil der nördlichen Oberlausitz blieb über die Jahrhunderte ein dichtes Waldgebiet und eine ausgeprägte Sumpflandschaft. Die wirtschaftliche Nutzung beschränkte sich über lange Zeit nur auf die Landwirtschaft, welche auf Grund der vorhandenen Bodentypen keine reiche Ertragsleistung erbringen konnte.

Im Gegensatz dazu etablierte sich im Süden, seit dem 15. Und 16. Jahrhundert das Textilgewerbe neben der Landwirtschaft. Im Norden dagegen gelang es bis weit in das 19. Jahrhundert nicht einen zweiten Wirtschaftszweig zu entwickeln. Aufgrund dessen galt dieser

Teil Deutschlands als einer der rückständigsten Regionen überhaupt im Land. (KOWALKE 2000:128)

Erst mit dem Aufstieg der Braunkohleindustrie veränderte sich dies. Zwar war es schon 1789 zu Braunkohlefunden gekommen, aber erst Mitte des 19. Jahrhunderts begann deren ausgiebige Nutzung und der Aufstieg der nördlichen Oberlausitz zu einer der bedeutendsten Regionen Sachsens. Innerhalb eines kurzen Zeitraumes (1850-1870) entstanden eine Reihe von Gruben aus denen Braunkohle gefördert wurde. Schon frühzeitig nutzte man die Braunkohle nicht nur in der Region sondern auf Grund der guten Anbindung an das

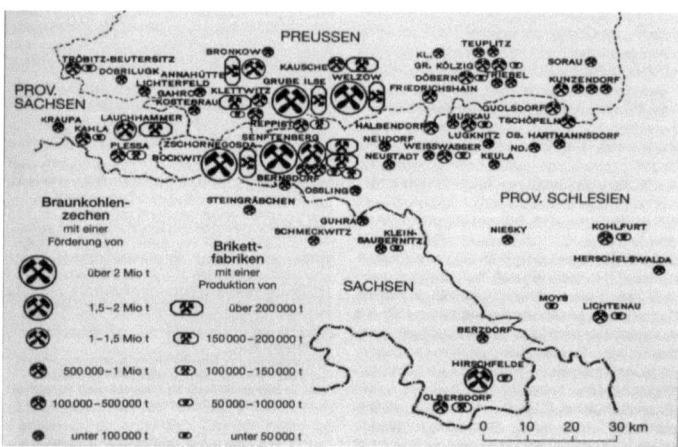

Abb. 4 Standorte von Braunkohleabbau und –Industrien in der Lausitz ca. 1920 (Quelle: Kowalke 2000:129)

Eisenbahnnetz Görlitz-Cottbus-Berlin, auch in anderen Teilen Deutschlands um den steigenden Energiebedarf zu stillen. Im weiteren Verlauf der Industrialisierung wurde der Braunkohleabbau in der Lausitz intensiviert. Dies wurde begünstigt durch die Gründung von Aktiengesellschaften (1880-1900), wodurch finanzielle Mittel zur Verfügung gestellt wurden, die den Ausbau ermöglichten. (KOWALKE 2000:128) Die in den folgenden Jahren ständig erweiterte Förderung (1889 2 Mio. t 1912 20,5 Mio. t Braunkohle, siehe auch Abbildung 4) führte zur Entstehung von Brikettfabriken und später von Kraftwerken zur Verstromung von Kohle. Erstere lieferten im Jahr 1936 35% der in Deutschland hergestellten Briketts. (KOWALKE 2000:128)

Auf Grund dieser Entwicklung stiegen nicht nur die Beschäftigtenzahlen in der Kohleindustrie, sondern es siedelten sich weitere Branchen im späten 19. Jahrhundert in der

Region an. Im Gebiet um die Ortschaft Weißwasser kam es zum Aufstieg der Glasindustrie (erste Glashütte im Jahr 1877), welche bis heute mit der Stadt in Verbindung gebracht wird. (FÖRDERVEREIN GLASMUSEUM WEIßWASSER 2009) Des Weiteren kam es während des ersten Weltkriegs zur Ansiedlung der chemischen Industrie, die bis heute an einigen Standorten in der nördlichen Oberlausitz präsent ist.

Diese Industrieformen blieben auch im 20. Jahrhundert prägend für die Region und führten zu einem enormen Bevölkerungszuwachs, der bis in die achtziger Jahre sich fortsetzte. Besonders nach 1945 wurden die ansässigen Industriezweige weiter ausgebaut und deren Leistungsfähigkeit gesteigert. (siehe Abbildung 5)

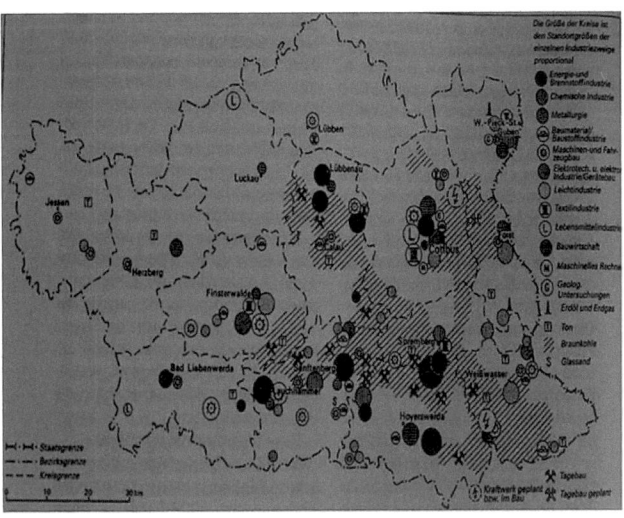

Abb. 5 Industriestandorte in der Lausitz (Quelle: Kowalke 2000:69)

Währen des Bestehens der DDR wurde die Förderung der Braunkohle zur Deckung des Energiebedarfs des Landes immens gesteigert. Diese Intensivierung wird besonders am 1954 entstehenden weltgrößten Braunkohleveredelungswerks *schwarze Pumpe* deutlich. Dieses Kombinat war in der Lage 40 Mio. t Rohbraunkohle pro Jahr zu verarbeiten und zu veredeln. (KOWALKE 2000:146) Daraus folgt, dass bis 1990 die Braunkohleindustrie und auch die chemische Industrie die größten Arbeitgeber der gesamten Region waren.

3.2 Die wirtschaftliche Entwicklungen nach der Wiedervereinigung

Nach der Wiedervereinigung 1990 veränderte sich die Situation schlagartig. Ähnlich wie in ganz Sachsen gingen die Beschäftigtenzahlen zurück. Die Region der nördlichen Oberlausitz wurde davon besonders getroffen. In fast jedem Industriezweig sanken die Beschäftigungszahlen um 50%, in einigen, wie der chemischen Industrie, sogar um über 60%. (KOWALKE 2000:176)

Zwischen 1993 und 1994 sanken in der Kohle- und Energieindustrie die Beschäftigtenzahlen um 20 pro 1000 Einwohner zurück. (ARBEITSGEMEINSCHAFT KOMET / empirica 2007:66) Die Ursache war in diesem Fall oft die schnelle Stilllegung eine Reihe von Kraftwerken und Tagebauen, denen im Laufe der neunziger Jahre noch andere folgten. Während aktuell im Jahr 2009 noch fünf Tagebaue (Cottbus-Nord, Jänschwalde, Welzow-Süd, Nochten und Reichwalde) in der gesamten Lausitz existieren, waren es in den siebziger Jahren noch dreimal so viele. (RALF HYKA 2009) Hinzukommend wird derzeit nur in vier Tagebauen Braunkohle gefördert (Reichwalde ist seit einigen Jahren inaktiv). (VATTENFALL EUROPE MINING AG 06/2007)

Im Hinblick auf die Beschäftigtenzahlen bedeutet dies, dass im Jahr 1993 auf 1000 Einwohner noch 20 Beschäftigte in der Kohle- und chemischen Industrie kamen, so waren es 2002 auf das Verhältnis von 0,73 Werktätigen pro 1000 Einwohner abgesunken. (ARBEITSGEMEINSCHAFT KOMET / empirica 2007:66) Hierbei ist aber die Ursache nicht nur der Stilllegung von Kraftwerken, Tagebauen und Brikettfarbiken geschuldet, sondern der Verringerung der Mitarbeiter durch den Einsatz moderner Technik. Während noch 1980, im damals neuen Kraftwerk *Boxberg*, 4600 Mitarbeiter beschäftigt waren, sind es im 1998 in Dienstgenommenen Kraftwerk *schwarze Pumpe* noch knapp 300 Arbeitnehmer. (RALF HYKA 2009 und VATTENFALL EUROPE MINING AG 05/2008)

Ähnliche Entwicklungen betraf auch die weit verbreitete chemische Industrie. Während in den achtziger Jahren im *VEB-Synthesewerk Schwarzheide* 6000 Arbeitnehmer beschäftigt waren, sank die Zahl nach der Wiedervereinigung, im daraus hervorgegangen Unternehmen *BASF-Schwarzheide,* auf derzeit 2000 Beschäftigte ab. (BASF-Schwarzheide 2008)

Trotz der rückläufigen Beschäftigungszahlen sind diese beiden Industriezweige auch heute die größten Arbeitgeber in der nördlichen Oberlausitz und gelten weiterhin als Branchen der Zukunft. Besonders der Energiekonzern *Vattenfall Europe Generation AG & Co. KG*, Eigentümer aller Kraftwerke und Tagebaue in der Lausitz, plant in der Zukunft einen weiteren Ausbau der Braunkohleförderung und den Bau neuer Kraftwerke mit gesteigerter Leistung. Seit 2007 wird im Hinblick darauf, der Ausbau des Kraftwerkes *Boxberg* und die

Erschließung neuer Braunkohlevorkommen in der Region betrieben. (RALF HYKA 2009) Neue Planungen von *Vattenfall* rechnen mit bisher unerschlossenen Braunkohlevorkommen in der Lausitz, die eine Nutzung bis in das Jahr 2050 ermöglichen sollen. (VATTENFALL EUROPE MINING AG 2008)

Die beschriebenen Wirtschaftszweige werden daher auch in Zukunft die wirtschaftlichen Träger der Region bleiben, während es in Teilen der südlichen Oberlausitz gelungen ist neue Branchen anzusiedeln. (ARBEITSGEMEINSCHAFT KOMET / empirica 2007:63) Trotz dieses Erfolges ist die Oberlausitz wirtschaftlich schwache Region. Besonders ersichtlich ist dies im im Hinblick auf den Export. Durchschnittlich sind in der gesamten Region nur 114 Arbeitnehmer je 1000 Einwohner im Export beschäftigt. Eine Zahl welche in großen Maßen hinter anderen Regionen und dem sächsischen Durchschnitt zurückbleibt.(siehe Abbildung 6 + 7) Zum Vergleich erreichen Chemnitz oder die Region Westsachsen mehr als je 140

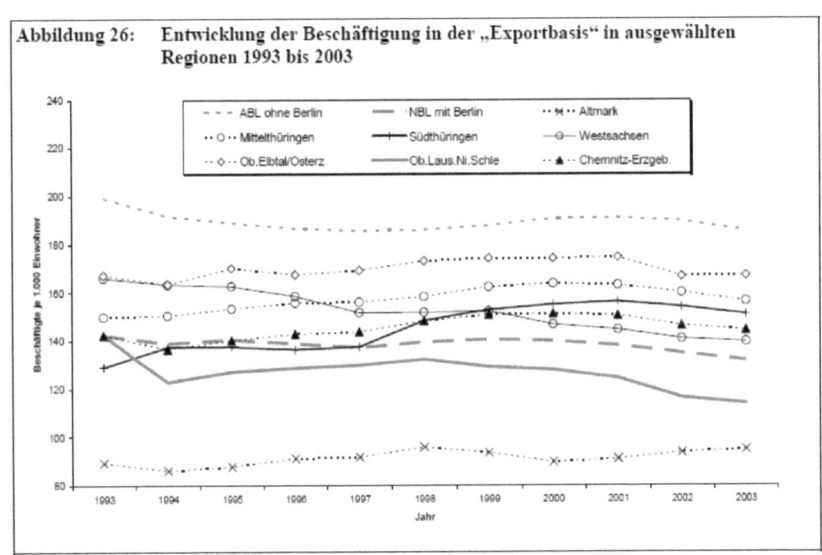

Abbildung 26: Entwicklung der Beschäftigung in der „Exportbasis" in ausgewählten Regionen 1993 bis 2003

Abb. 6 (Quelle: ARBEITSGEMEINSCHAFT KOMET / empirica 2007:65)

Erwerbstätige im Export auf 1000 Einwohner. (ARBEITSGEMEINSCHAFT KOMET / empirica 2007:64)

Ein erneutes Absinken der Beschäftigtenzahlen, wie in den ersten Jahren nach 1990, wird in der Zukunft ausgeschlossen, jedoch wird auch in der Zukunft deutlicher Aufschwung im Exportsektor nicht erwartet.

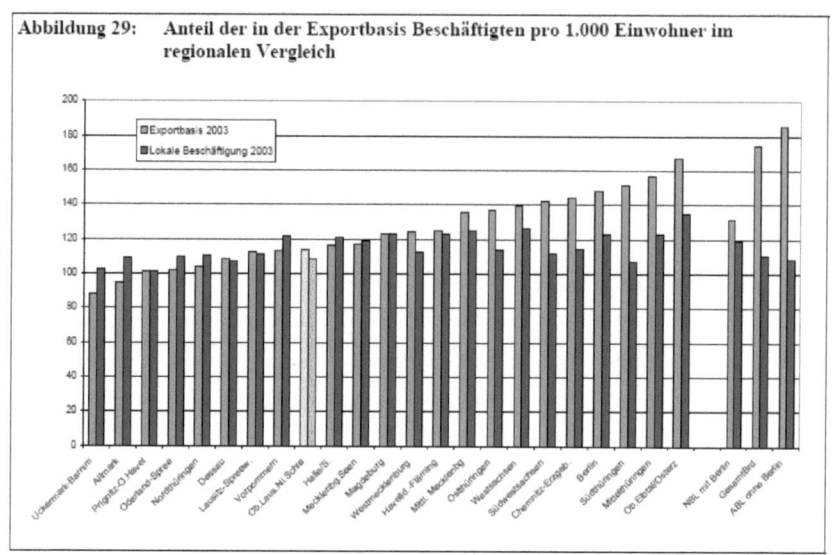

Abbildung 29: Anteil der in der Exportbasis Beschäftigten pro 1.000 Einwohner im regionalen Vergleich

Abb. 7 (Quelle: ARBEITSGEMEINSCHAFT KOMET / empirica 2007:70)

Im Bereich der lokalen Wirtschaft ist eine vergleichbare Entwicklung beobachtbar. Auch dn diesem Bereich ist die Beschäftigung im bundesweiten Vergleich unterdurchschnittlich. Nur 109 je 1000 Einwohner sind in diesem Sektor beschäftigt, während im Durchschnitt der neuen Bundesländern 119 je 1000 Einwohner im lokalen Bereich tätig sind. (ARBEITSGEMEINSCHAFT KOMET / empirica 2007:65) Die Ursache hierfür ist die grenznahe Lage zu Tschechien und Polen, die einen großen Teil der Kaufkraft aus der Region abziehen. Besonders betroffen ist in diesem Fall der Einzelhandel (Supermärkte, Tankstellen, Friseure u.a.), welcher seit 1990 zurückgeht. (ARBEITSGEMEINSCHAFT KOMET / empirica 2007:73) Insgesamt betrachtet ergibt sich für den Bereich der nördlichen Oberlausitz seit 1990 eine negative Entwicklung. Eine Reihe von Unternehmen wurde geschlossen und eine Neuansiedelung von Unternehmen wurde bisher nicht in ausreichendem Maß erreicht.

3.3 Auswirkungen auf den Arbeitsmarkt

Wie schon beschrieben, stiegen die Arbeitslosenzahlen in der nördlichen Oberlausitz nach 1990 stark an. Neben der bereits erwähnten Entwicklung in der Braunkohle- und chemischen Industrie, war es auch in anderen Branchen zum Rückgang von Arbeitsplätzen gekommen. Daraus folgte, dass besonders in den in den siebziger Jahren ausgebauten Städten, wie

Hoyerswerda oder Weißwasser, die Arbeitslosenquoten stark anstiegen. (siehe Abbildung 8) Zwar begann auch in dieser Region die Arbeitslosenzahl nach 2004 zu sinken, verblieb aber weiterhin über dem sächsischen Durchschnitt.

Tabelle 22:	Arbeitslosenquoten in der Region Oberlausitz-Niederschlesien*	
Einzugsbereich der Geschäftsstelle der Agentur für Arbeit in ...	**Arbeitslosenquote** (Stand 08/2004)	
Bautzen	19,6%	
Bischofswerda	20,4%	
Görlitz	23,4%	
Hoyerswerda	23,4%	
Kamenz	16,4%	
Löbau	21,6%	
Niesky	21,0%	
Weißwasser	24,7%	
Zittau	23,8%	
Region Oberlausitz-Niederschlesien	**21,4%**	
nachrichtl. Land Sachsen	*17,7%*	

Abb. 8 (Quelle: ARBEITSGEMEINSCHAFT KOMET / empirica 2007:70)

3.4 Zukunftsprognosen für den Wirtschaftstandort

Aufgrund der schon beschriebenen Entwicklungen wird erwartet, dass auch in Zukunft keine positiven Veränderungen eintreten werden. Laut Prognosen wird der Anteil der Exportbasis weiter abnehmen, wodurch die wirtschaftliche Bedeutung der Region weiter sinken würde. Des Weiteren wird mit der anschließend dargestellten Bevölkerungsentwicklung, der Bedarf des lokalen Wirtschaftsbereichs steigen. Dies wird besonders den Pflege- und Sozialsektor betreffen. Die hierfür benötigten Arbeitskräfte stehen dagegen der Exportbasis nicht mehr zur Verfügung, wodurch deren Schwächung resultieren wird. (ARBEITSGEMEINSCHAFT KOMET / empirica 2007:69)

In Bezug auf die wirtschaftliche Entwicklung erscheint das einleitende Zitat „die Zukunft ist Lausitz" sehr optimistisch bis hin zu unrealistisch. Besonders für die nördliche Oberlausitz existieren negative Prognosen, welche wenig dem Logo entsprechen. Vor allem die negativen Standortfaktoren (Ferne zu überregionaler Infrastruktur, Grenznähe, dünne Besiedelung und wenige Zentren) werden weiterhin Investitionen und die Schaffung neuer Arbeitsplätze verhindern, falls nicht Bund und Länder mit Vergabe von Subventionen, Investoren in die Region locken können.

Die zurzeit entstehende *Lausitzer Seenlandschaft* wird ebenfalls keine großflächigen wirtschaftlichen Verbesserungen für die Region mit sich bringen. Die Beschäftigungseffekte der Tourismusbranche sind begrenzt und werden die hohe Arbeitslosenquote kaum senken können. (ARBEITSGEMEINSCHAFT KOMET / empirica 2007:82) Hinzukommend wird auch diese Branche unter den negativen Standortfaktoren leiden und wenig finanzkräftige Langzeittouristen anziehen können. Dies gilt ebenso für finanzstarke Investoren, die die von der IBA ausgearbeiteten Ideen verwirklichen. Trotz deren Tätigkeit seit dem Jahr 2000, ist dies bisher nicht in ausreichendem Maße gelungen. (ZWECKVERBAND ELSTERTAL)

4. Der Faktor Bevölkerung

In Folge der Darstellung der wirtschaftlichen Entwicklung und der Zukunftsaussichten der nördlichen Oberlausitz ist die Entwicklung der Bevölkerung ein bedeutender Faktor und verdeutlich noch ausgiebiger die Zukunftsfähigkeit der Region.

4.1 Bevölkerungsentwicklung

Beeinflusst durch die wirtschaftliche Situation, war die nördliche Oberlausitz bist in das 19. Jahrhundert ein gering besiedeltes Gebiet, mit wenigen tausend Einwohnern. Mit Einsetzen der Industrialisierung und der Förderung von Braunkohle, stieg die Bevölkerung innerhalb weniger Jahre stark an. Allein die Stadt Hoyerswerda, die im Jahr 1850 nur 2300 Einwohner zählte, wuchs bis 1910 auf über 6000 Einwohner an. (STADT HOYERSWERDA O. A.) Aufgrund dieser zunehmenden Bevölkerungszahlen entstanden im Laufe der Zeit neben Hoyerswerda neue Städte, welche vor 1850 noch kleine Dörfer waren. (STADTVERWALTUNG WEIßWASSER O. A.)

Durch die beschriebene Intensivierung der Braunkohleförderung und des Aufstiegs der Chemie- und der Glasindustrie, stiegen die Bevölkerungszahlen auch nach 1945 weiter an. Daher kam es im Zuge des Aufbaus des Energiekombinats *schwarze Pumpe*, zu dem verstärkten Ausbau der Stadt Hoyerswerda, da sie war als zentraler Siedlungsort der Region vorgesehen war. Aufgrund dessen wuchs die Stadt (1980 über 72000 Einwohner), wie auch die kleineren Zentren Weißwasser und Niesky, stark an. Während Weißwasser Mitte des 19. Jahrhunderts noch weniger als 1000 Einwohner zählte, waren es 1980 über 30000. (STADT HOYERSWERDA O. A. und STADTVERWALTUNG WEIßWASSER O. A.)

Nach der Wiedervereinigung veränderte sich dies durch den Zusammenbruch großer Teile der Wirtschaft. Daher setzte 1990, ähnlich wie in anderen Regionen der neuen Bundesländer, ein starker Bevölkerungsrückgang ein. Dieser wurde nicht nur hervorgerufen durch den enormen Anstieg der Abwanderungen, sondern war gleichzeitig geprägt von einem starken Rückgang der Geburtenrate. Beides führte zu einem Rückgang der Bevölkerung in der gesamten

Oberlausitz. Allein in dem Zeitabschnitt von 1990 bis 2004 sank die Zahl der Einwohner in der gesamten Region von 740000 auf 650000. (ARBEITSGEMEINSCHAFT KOMET / empirica 2007:4) Besonders junge, qualifizierte Bewohner, verließen die Region, in welcher meist nur sozial schwächere und ältere Einwohner zurückbleiben. Dieser Vorgang beeinflusst, in Folge der daraus resultierenden geringen Leistungs- und Innovationsfähigkeit, den Wirtschaftsstandort überaus negativ.

Besonders betroffen von dem Rückgang der Bevölkerungszahlen, waren in der nördlichen Oberlausitz die größeren Städte, die bis in die achtziger Jahre einen Bevölkerungszuwachs verzeichnen konnten.(siehe Abbildung 9) In der Stadt Hoyerswerda sank die Einwohnerzahl im Zeitraum von nur 15 Jahren um 34% und ist weiter im Rückgang begriffen. Es existieren mittlerweile Prognosen, die einen weiteren Rückgang bis in das Jahr 2020 um 50% der

Tabelle 2: Bevölkerungsentwicklung und -prognose in den Teilräumen der Region 1990 bis 2020

Jahr	Entwicklung in 1.000 Einwohner								Veränderung in 1.000		
	1990	1995	2000	2003	2005	2010	2015	2020	1990 - 2003	2003 - 2010	2003 - 2020
Landkreis Kamenz	152	151	156	153	150	143	138	133	1	-9	-19
Landkreis Bautzen	169	163	158	152	148	139	132	126	17	-13	-26
Niederschlesischer Oberlausitzkreis	114	112	106	100	96	91	86	81	14	-9	-19
Landkreis Löbau-Zittau	177	163	155	148	143	134	126	120	29	-14	-28
Stadt Görlitz	76	68	62	59	56	52	49	46	17	-7	-12
Stadt Hoyerswerda	68	61	50	45	42	37	33	30	23	-8	-15
Region insgesamt	756	717	687	656	637	596	564	538	100	-61	-119
Sachsen	4.776	4.567	4.425	4.321	4.242	4.068	3.917	3.786	454	-254	-536

Jahr	Indexierte Entwicklung (1990 = 100)								Veränderung		
	1990	1995	2000	2003	2005	2010	2015	2020	1990 - 2003	2003 - 2010	2003 - 2020
Landkreis Kamenz	100,0	99,5	102,7	100,5	98,8	94,4	90,7	87,7	0,5%	-6,1%	-12,8%
Landkreis Bautzen	100,0	96,2	93,3	90,2	87,8	82,6	78,3	74,8	-9,8%	-8,5%	-17,1%
Niederschlesischer Oberlausitzkreis	100,0	97,6	92,7	87,5	85,4	79,6	75,0	71,1	-12,5%	-8,9%	-18,7%
Landkreis Löbau-Zittau	100,0	92,5	87,9	83,7	81,2	75,7	71,4	67,9	-16,3%	-9,6%	-18,9%
Stadt Görlitz	100,0	89,5	81,1	77,0	73,7	67,9	63,9	61,1	-23,0%	-11,8%	-20,7%
Stadt Hoyerswerda	100,0	88,6	73,4	65,8	61,4	53,7	48,3	44,5	-34,2%	-18,5%	-32,4%
Region insgesamt	100,0	94,9	90,8	86,8	84,3	78,8	74,5	71,1	-13,2%	-9,2%	-18,1%
Sachsen	100,0	95,6	92,7	90,5	88,8	85,2	82,0	79,3	-9,5%	-5,9%	-12,4%

Abb. 9 . (Quelle: ARBEITSGEMEINSCHAFT KOMET / empirica 2007:10)

der Einwohnerzahl von 1990 erwarten. (ARBEITSGEMEINSCHAFT KOMET / empirica 2007:10) Im Vergleich zum südlichen Teil sank die Bevölkerungszahl in der nördlichen Oberlausitz deutlich stärker. Die im Süden liegenden Städte Görlitz, Zittau oder Bautzen verzeichneten nur einen Rückgang von maximal 23% ihrer Bevölkerung. (ARBEITSGEMEINSCHAFT KOMET / empirica 2007:10) Trotz alledem eine sehr hohe Abwanderungsrate.

Für die Zukunft wird in der Oberlausitz ein weiteres Absinken der Bevölkerungszahlen erwartet, so dass die Region im Jahr 2020 nur noch ca. 540000 Einwohner aufweisen wird. Erneut wird prognostiziert, dass der Rückgang besonders den Norden und Nordosten Sachsens betreffen wird. (siehe Abbildung 10) Demnach soll die Stadt Hoyerswerda bis 2020 ca. 30% der Einwohnerzahl von 2004 verlieren. (ARBEITSGEMEINSCHAFT KOMET / empirica 2007:10) Diese Prognose erscheint bisher zutreffend, da der Abwärtstrend der Bevölkerungszahl anhält. Während 2003 noch 45011 Einwohner in der Stadt lebten, waren es im Dezember 2007 nur noch 40294. (STATISTISCHES LANDESAMT SACHSEN 2008)

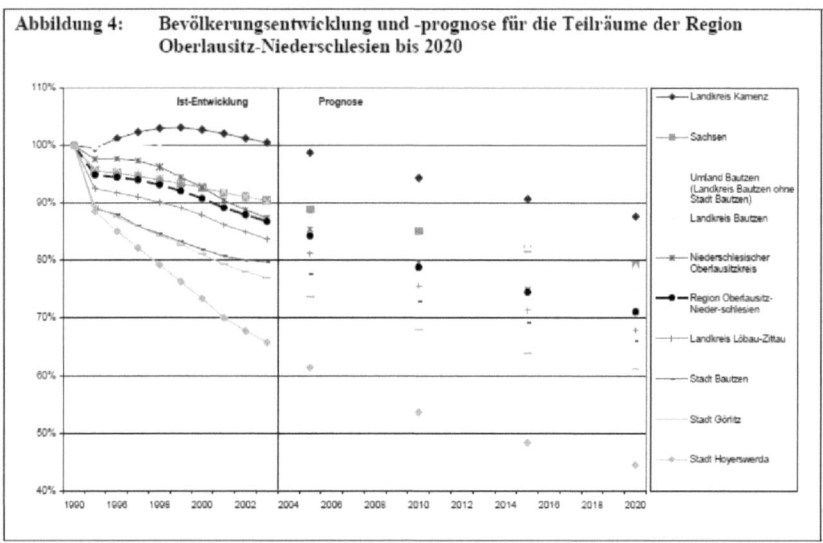

Abb. 10 (Quelle: ARBEITSGEMEINSCHAFT KOMET / empirica 2007:11)

Der Rückgang der Einwohnerzahlen ist gleichzeitig verbunden mit dem Absinken der Bevölkerungsdichte in der Region. In einigen Gemeinden wurde schon im Jahr 2004 eine Dichte von nur 30 Einwohnern pro km^2 errechnet. Der Durchschnitt im Freistaat Sachsen beträgt dagegen 229 pro km^2 Bewohner. (STATISTISCHES LANDESAMT SACHSEN 2008)

Laut Berechnungen ergibt sich für die Oberlausitz, in der Zeit zwischen 1990 und 2004, ein Rückgang der Bevölkerungsdichte um 14%. Im Norden waren besonders die Zentren (Hoyerswerda, Weißwasser, Niesky) betroffen, während die seit jeher schwach besiedelten Gemeinden im Norden und Nordosten ihre Bevölkerungsdichte teilweise halten konnten. (siehe Abbildung 11)

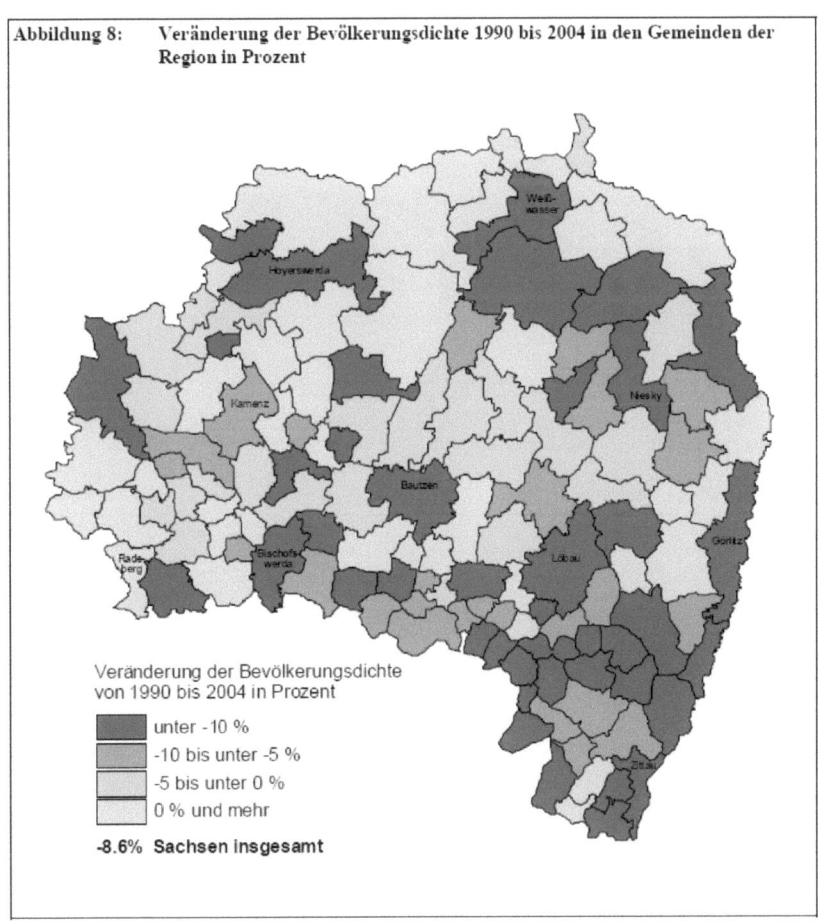

Abbildung 8: Veränderung der Bevölkerungsdichte 1990 bis 2004 in den Gemeinden der Region in Prozent

Abb. 11 (Quelle: ARBEITSGEMEINSCHAFT KOMET / empirica 2007:11)

4.2 Ursachen für den Bevölkerungsrückgang

Der beschriebene Rückgang der Bevölkerung ist hauptsächlich auf die hohen Abwanderungen nach 1990 zurückzuführen. Zwischen 1990 und 2004 verließen durchschnittlich 10000 bis 15000 Personen jährlich die Region. Wobei die Zuwanderungen diese Entwicklung nicht ausgleichen konnten. Einzig in den Jahren 1994 bis 1996 war ein gering positiver Wanderungssaldo zu verzeichnen. (siehe Abbildung 12) Die Ursache dafür waren verstärkte

Zuwanderungen aus dem Ausland, welche in der Zukunft nicht mehr zu erwarten sein werden. (ARBEITSGEMEINSCHAFT KOMET / empirica 2007:15)

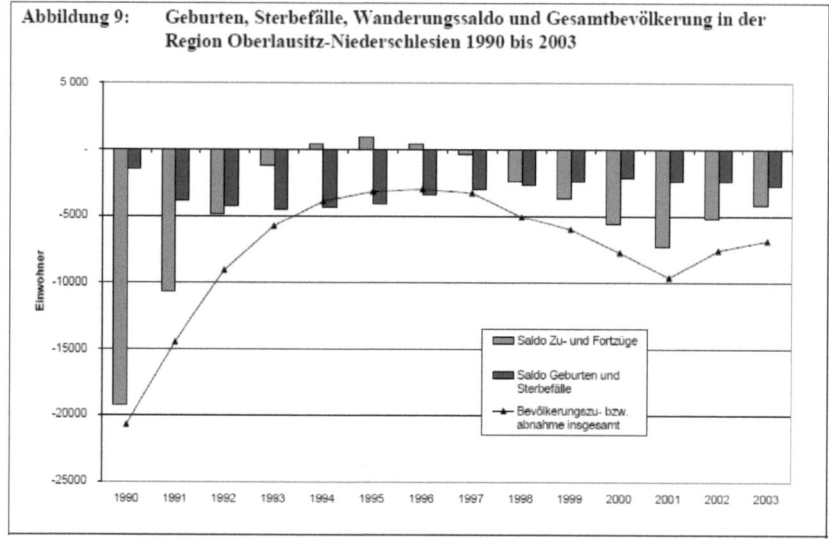

Abbildung 9:   Geburten, Sterbefälle, Wanderungssaldo und Gesamtbevölkerung in der Region Oberlausitz-Niederschlesien 1990 bis 2003

Abb. 12 (Quelle: ARBEITSGEMEINSCHAFT KOMET / empirica 2007:15)

Eine ebenfalls negative Entwicklung in der Region ist in dem Verhältnis der Geburten- und Sterberate zu beobachten. (siehe Abbildung 12) Seit 1990 ist das Verhältnis stetig negativ, was vor Allem der Abwanderung junger Einwohner, hierbei besonders Frauen, geschuldet ist. Im Jahre 2004 hatte „sich das Geschlechterverhältnis in der Altersklasse der 20- bis 35-Jährigen deutlich verschlechtert: 100 jungen Männern" standen „aufgrund der Abwanderungen von jungen Frauen nur noch 80 gleichaltrige Frauen gegenüber". (ARBEITSGEMEINSCHAFT KOMET / empirica 2007:17)

Aufgrund dieser Entwicklung wird der Rückgang der Geburtenzahlen weiter verstärkt werden. In Hoyerswerda verhielt sich im Jahr 2007 das Verhältnis von Geburten und Gestorbenen 218 zu 508 und beschreibt die beunruhigende Situation sehr deutlich. (STATISTISCHES LANDESAMT SACHSEN 2008)

Aufgrund dieser Entwicklung verstärkt sich der demographische Wandel in der Region zusehends. In großen Teilen stellen schon heute die über 55 Jährigen den Großteil der Bevölkerung dar. (STATISTISCHES LANDESAMT SACHSEN 2008) Es wird angenommen, dass zwischen 2004 und 2020 sich dieser Trend im gesamten Kreis Oberlausitz – Niederschlesien verstärken wird. (Vergleich Abbildung 13 und 14) Zu beobachten ist der erneute Rückgang der Geburtenzahlen und im Gegensatz dazu, ein weiteres Ansteigen der älteren Generation. Daher wird auch nach 2020 damit gerechnet, dass dieser Entwicklung sich fortsetzen wird und eine erneute und verstärkte Anpassung fordert.

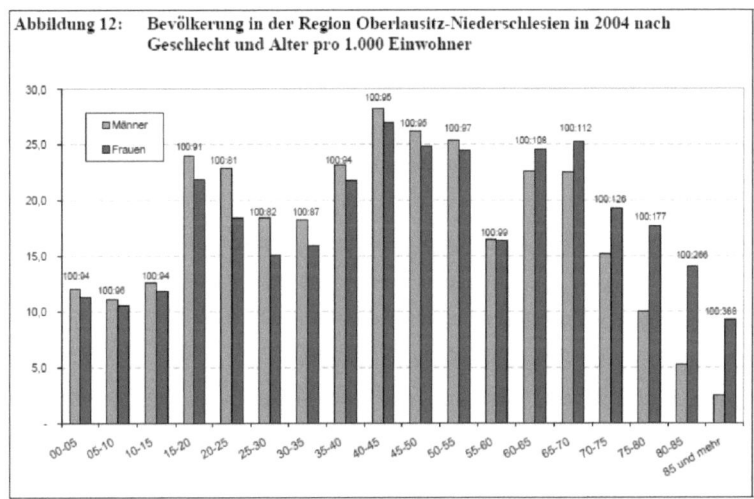

Abb. 13 (Quelle: ARBEITSGEMEINSCHAFT KOMET / empirica 2007:18)

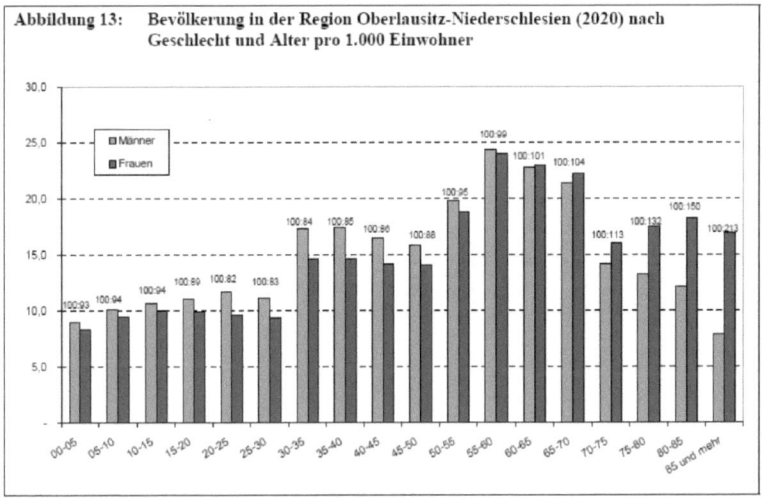

Abb. 14 (Quelle: ARBEITSGEMEINSCHAFT KOMET / empirica 2007:19)

5. Eine Region der Zukunft?

Die beschriebene wirtschaftliche und bevölkerungstechnische Entwicklung seit 1990, in der nördlichen Oberlausitz, stimmt wenig optimistisch für die Zukunftsfähigkeit der Region. Die zusätzlichen negativen Prognosen für die nächsten Jahre verstärkt diese Befürchtung. Aus diesem Grund erscheint das Motto „die Zukunft ist Lausitz" (CENTRUM FÜR INNOVATION UND TECHNOLOGIE GmbH: 2008), für die Region wenig zutreffend. Schließlich werden weiterhin junge, qualifizierte Einwohner abwandern und somit die wirtschaftliche Leistungsfähigkeit nicht ansteigen. Daraus folgt, dass innovative Unternehmen sich kaum in der Region, mit ihren allgemein negativen Standortfaktoren, ansiedeln werden und die hohe Arbeitslosenquote bestehen bleiben wird.

Die hinzukommende Überalterung der Bevölkerung wirkt zusätzlich negativ auf die Entwicklung der Region. Die Einnahmen der Kommunen sinken und die Finanzierung der vorhandenen Infrastruktur scheint schon seit einigen Jahren nicht mehr gesichert. (ARBEITSGEMEINSCHAFT KOMET / empirica 2007:62/78)

Mit großer Sicherheit wird daher die nördliche Oberlausitz auch in der Zukunft eine strukturschwache Region bleiben, falls es nicht gelingen sollte, sich auf die bestehenden und bevorstehenden Verhältnisse einzustellen und neue Zukunftsmodelle zu entwickeln. Dabei sei ergänzt, dass es notwendig ist Modelle zu entwickeln, die realisierbar und zukunftsträchtig erscheinen und nicht, wie viele Projekte des *Lausitzer Seenland*, nur aus Visionen bestehen. Denn schon Helmut Schmidt sagte: „Wer Visionen hat, sollte zum Arzt gehen". (DER SPIEGEL 2002: 26)

Literatur:

ARBEITSGEMEINSCHAFT KOMET / empirica (2007): Modellvorhaben der Raumordnung in
  Sachsen   und Landesentwicklung in Sachsen. Modellregion Oberlausitz-
  Niederschlesien.   <http://www.zukunft-oberlausitz-
  niederschlesien.de/pdf/Handbuch_Teil_1.pdf> (Stand: o. A.) (Zugriff: 2009-01-09).

BASF-SCHWARZHEIDE GmbH (o. A.): Daten und Fakten 2007 der BASF –Schwarzheide
  GmbH. < http://www.basf-schwarzheide.de/pcms/streamer?p=214624&fid=216607>
  (Stand: o. A.) (Zugriff: 2009-01-11).

Biosphärenreservatsverwaltung (o.A.): Ein Biosphärenreservat der UNESCO im Land der
  Tausend Teiche. < http://www.biosphaerenreservat-oberlausitz.de/> (Stand: o. A.)
  (Zugriff: 2009-01-10).

CENTRUM FÜR INNOVATION UND TECHNOLOGIE GmbH (o. A.): Leistung. Leidenschaft.
  LAUSITZ. <http://www.lausitz.de/> (Stand: o. A.) (Zugriff: 2009-02-11).

GLASMUSEUM WEIßWASSER (2008): Historie. < http://www.glasmuseum-
  weisswasser.de/index.htm> (Stand: 2009-02-12) (Zugriff: 200-02-14).

HARTMUT KOWALKE (2000): Sachsen. Gotha: Klett-Perthes.

HELMUT SCHMIDT (1980) In: Der Spiegel 44/2002, S.26.

JOACHIM BAHLCKE (2004): Geschichte der Oberlausitz. Herrschaft, Gesellschaft und Kultur
  vom   Mittelalter bis zum Ende des 20. Jahrhunderts. Leipzig: Leipziger
  Universitätsverlag.

LAUSITZER UND MITTELDEUTSCHE BERGBAU-VERWALTUNGSGESELLSCHAFT MBH (2007):
  Landschaftswandel. Senftenberg: LMBV.

MARKETING-GESELLSCHAFT OBERLAUSITZ-NIEDERSCHLESIEN MBH (2006):
  Unternehmensnetzwerke in der Lausitz. Cottbus: Graphische Werkstatten Zittau
  GmbH.

Ralf Hyka (o. A.): Kraftwerk Boxberg. < http://ostkohle.de/html/kw_boxberg.html#Prod>
  (Stand: o. A.) (Zugriff: 2009-02-22).

SÄCHSISCHES STAATSMINISTERIUM FÜR UMWELT UND LANDESENTWICKLUNG (1994):
  Landesentwicklungsplan Sachsen 1994. < http://www.mdr.de/DL/606765.pdf> (Stand:
  1994-05-15) (Zugriff:2009-02-16).

STADT HOYERSWERDA (o. A.): Das "braune Gold" der Lausitz.
  <http://hoyerswerda.de/city_info/webaccessibility/index.cfm?region_id=185&waid=
  34&design_id=0&item_id=837359&link_id=213554579&fsize=1&search=impressum
  > (Stand: o.A.) (Zugriff: 2009-02-22).

STADTVERWALTUNG WEIßWASSER (o. A.): Zahlen und Daten.
<http://weisswasser.de/de/stadt/zahlen_und_daten.php> (Stand: o. A.)
(Zugriff: 2009-02-17).

STAATSMINISTERIUM DES INNEREN (2008): Regionalentwicklung durch interkommunale
Zusammenarbeit im Freistaat Sachsen. Dresden: SMI.

STAATSMINISTERIUM DES INNEREN (2008): Städtische Entwicklung in Sachsen. Dresden: SMI.

STATISTISCHES LANDESAMT SACHSEN (2008): Kreisstatistik 2008 für den Landkreis Bautzen.
< http://www.statistik.sachsen.de/Index/22kreis/unterseite22.htm> (Stand: 2008-04-
01) (Zugriff: 2009-01-11).

STATISTISCHES LANDESAMT SACHSEN (2008): Gemeindestatistik 2008 für Hoyerswerda,
Stadt. <http://www.statistik.sachsen.de/Index/21gemstat/unterseite21.htm>
(Stand: 2008-08-01) (Zugriff: 2009-02-15).

STATISTISCHES LANDESAMT SACHSEN (2004): Gemeindestatistik 2004 für Hoyerswerda,
Stadt. <http://www.statistik.sachsen.de/Index/21gemstat/unterseite21.htm> (Stand:
2004-01-01) (Zugriff: 2009-02-15).

STATISTISCHES LANDESAMT SACHSEN (2008): Bevölkerung und Fläche des Freistaates
Sachsen 1834-2007.<http://www.statistik.sachsen.de/21/02_02/02_02_03_tabelle.asp>
(Stand: o. A.) (Zugriff: 2009-01-12).

TOURISMUSVERBAND NIEDERLAUSITZ (2007): Lausitzer Seenland. Ferienjournal. Cottbus: ´
Verlag Reinhard Semmler GmbH.

VATTENFALL EUROPE MINING AG (06/2007): Energie aus dem Nordosten. Eine Übersicht
über die Betriebsstätten von Vattenfall Europe Mining & Generation. Cottbus.

VATTENFALL EUROPE MINING AG (2008): Neue Tagebaue für die Energie der Zukunft.
<http://www.vattenfall.de/www/vf/vf_de/225583xberx/225613dasxu/225933bergb/22
6503kerng/225963tageb/888071zukun/891169bagen/index.jsp> (Stand: o.A.)
(Zugriff:2009-02-21)

ZWECKVERBAND ELSTERTAL (o. A.): Projekte / Erlebniswelt Lausitzer Seenland.
<http://www.lausitzerseenland.de/projekte.php?hauptgruppe=Projekte&untergruppe=
Erlebniswelt%20Lausitzer%20Seenland&startbild=EW_LS_Masterplan.jpg>
(Stand: o. A.) (Zugriff: 2009-02-22).